AF589981

RAPPORT

SUR L'ÉDUCATION DES VERS-A-SOIE,

Fait par M. ANTELME,

AU COMICE AGRICOLE DE ROMANS ET DU BOURG-DU-PÉAGE,

ET A LA SOCIÉTÉ D'AGRICULTURE DE LA DROME,

DONT IL EST MEMBRE.

VALENCE,

IMPRIMERIE DE MARC AUREL FRÈRES.

1839.

RAPPORT

SUR L'ÉDUCATION DES VERS-A-SOIE,

FAIT PAR M. ANTELME,

AU COMICE AGRICOLE DE ROMANS ET DU BOURG-DU-PÉAGE,
ET A LA SOCIÉTÉ D'AGRICULTURE DE LA DROME,
DONT IL EST MEMBRE.

Plusieurs habitants de Romans et du Bourg-du-Péage m'ont prié d'écrire et de faire imprimer un rapport exact de la méthode que j'emploie pour l'éducation des vers-à-soie. Le peu d'habitude que j'ai d'écrire m'a fait hésiter quelques instants; mais enfin j'ai cru devoir me rendre aux instances réitérées de mes honorables concitoyens. Je dois donc compter sur leur indulgence et m'estimer heureux si je puis leur être de quelque utilité.

Avant de mettre la main à l'œuvre, je crois devoir les prévenir que je ne garantis la réussite qu'à ceux qui ne s'écarteront en aucun point de la méthode dont je vais faire l'historique.

On m'accusera sans doute d'être absolu et minutieux : je dois être absolu dans l'intérêt des éducateurs, et de toutes les minuties qui seront consignées dans ce rapport, il n'en est pas une qui ne soit d'une absolue nécessité pour arriver à une réussite assurée. C'est là, du moins, ce que m'a prouvé une longue expérience acquise dans l'art d'élever des vers-à-soie. Aussi long-temps que j'ai suivi la méthode ordinaire, c'est-à-dire aussi longtemps que j'ai voulu sauter à pieds joints sur les minuties en question, je n'ai pas été plus heureux que les autres; mes produits ont à peine couvert les frais. Ce n'est que depuis l'adoption de la méthode absolue et minutieuse ci-après indiquée, que j'obtiens, sur une grande échelle, *de cent à cent vingt-cinq livres* de cocons par once de graine.

Je dois d'abord dire un mot sur les dispositions générales du ver-à-soie. Cet insecte, par la simplicité de son organisation, est doué d'une très-forte constitution. Elevé en plein air sous une atmosphère convenable et nourri avec de la feuille de mûrier, sa réussite serait assurée, mais l'état de domesticité auquel nous avons été obligés de le plier, pour le soustraire aux dangers des variétés atmosphériques, l'a rendu sujet à une infinité de maladies auxquelles il ne serait point exposé s'il pouvait vivre libre, sous un climat convenable. Privé de sa liberté, sous un climat qui n'est pas le sien, sa forte constitution lui serait d'un bien faible secours, si, par des moyens artificiels, nous n'étions parvenus à le garantir du danger des transitions subites d'une température chaude à une température froide, d'un air trop sec comme d'un air trop humide.

Dans une température chaude, le ver-à-soie transpire continuellement; le froid arrête cette transpiration et le dispose à une infinité de maladies; un air trop sec lui dessèche la peau, attaque les parties internes de son corps, et le dispose à la muscardine ; une trop grande humidité envahit les litières et aide à la combinaison des différents gaz ou miasmes pestilentiels, tels que le gaz carbonique, le gaz hydrogène sulfuré et autres également délétères, qui en quelques instants peuvent détruire les plus belles espérances de l'éducateur.

Ce ne sont cependant pas là les seules causes de destruction de ce précieux insecte; il en est d'autres qui ne sont pas moins pernicieuses. Je mettrai au premier rang le défectueux régime hygiénique qu'on lui fait suivre et les erreurs que l'on commet dans la manière de le diriger.

Depuis fort long-temps j'étais persuadé que l'ignorance dans laquelle vivent les habitants de la campagne était une des principales causes qui s'opposent à leur bien-être et à la richesse publique de notre département, qui est essentiellement céricole. Avec un peu d'attention et de discernement, il était facile de remédier à ces graves inconvénients. Souvent j'avais tâché de faire prévaloir mes idées chez les personnes que j'employais à l'éducation de mes vers; mais ce fut toujours inutilement : elles ne connaissaient d'autres règles que la routine et ne voulaient même pas en connaître d'autres. Je fus donc forcé d'agir par moi-même et de m'occuper sérieusement à chercher les moyens, d'abord de préserver le ver-à-soie des funestes effets d'une atmosphère chargée de gaz délétères : je fis construire des ateliers salubres. L'expérience m'avait prouvé que le premier besoin du ver-à-soie est de vivre dans une atmosphère pure et naturelle : je dus donc diriger toute mon attention sur cette partie essentielle de l'hygiène. Guidé par des données physiques, j'adoptai un système de ventilation simple et peu coûteux, pouvant s'adapter à tout hangar, galetas, enfin à tous locaux possibles dont la toiture et le plafond se touchent. Ce système laisse sans doute encore beaucoup à désirer; mais, pour le moment, je crois qu'il est digne de fixer l'attention des éducateurs ; je dis digne de fixer l'attention, parce que je suis persuadé que c'est à ce mode de ventilation que je dois en grande partie les brillantes réussites qui me favorisent depuis cinq ans.

Pour mettre à exécution ce système de ventilation, il ne s'agit que de pratiquer, rez le sol, dans tout galetas, hangar, pièces, etc., ayant pour plafond la toiture, des ouvertures rondes de dix centimètres de diamètre, placées à un mètre de distance les unes des autres; et cela tout autour de la magnanerie, s'il est possible, ou au moins sur toutes les faces libres.

C'est par ces ouvertures rez le sol que l'air atmosphérique entre constamment dans les ateliers, pour y prendre la place de l'air vicié qui, plus léger par les effets de la dilatation qu'il reçoit de la chaleur intérieure, est forcé de s'échapper extérieurement par un assez grand nombre d'ouvertures ou soupapes pratiquées sur la partie la plus élevée du plafond, lequel doit toujours présenter une ou deux pentes inclinées, parce que l'air, comme tous les fluides possibles, glisse avec plus de facilité sur les plans inclinés, que sur les plans horizontaux où il reste stagnant.

C'est aussi par ces ouvertures que s'échappent les gaz méphitiques produits par les litières et la transpiration des vers-à-soie. Les gaz, plus lourds que l'air atmosphérique, tels que le gaz carbonique, se vident extérieurement par les ouvertures du bas; les gaz plus légers, le gaz hydrogène sulfuré, par exemple, s'échappent aussi extérieurement avec l'air dilaté par les ouvertures ou soupapes supérieures. Ce mouvement de ventilation et de désinfection étant incessant, l'atelier est ainsi constamment rempli d'un air salubre, que les vers respirent à l'aise; aussi prennent-ils une forte constitution, qui les met à l'abri d'une infinité de maladies désastreuses; et lors même qu'ils porteraient avec eux le germe de la muscardine, la salubrité de l'air suffirait pour les préserver des funestes effets de ce terrible fléau.

Tous les âges, même la période où le ver est à l'état d'embryon, doivent se ressentir des heureuses influences d'une atmosphère pure et tempérée.

Procédant par ordre, après la salubrité de l'air, j'arrive au choix des cocons pour graine, et à la ponte des œufs. Les cocons pour graine doivent être forts par les extrémités; on les placera sur des claies les uns à côté des autres, sans jamais les entasser. Les papillons doivent rester six heures accouplés dans une pièce sombre, ni trop froide, ni trop chaude, ni trop humide, ni trop sèche; après l'accouplement les femelles seront posées avec soin sur un linge où elles puissent pondre leurs œufs avec facilité. La graine terminée, je la recouvre d'une couche d'une demi-ligne de fleur de soufre; je place mes linges ainsi couverts de soufre dans un large nouet où la graine ne doit jamais être gênée. Je tiens toute l'année ma graine ainsi pliée à une température ni trop chaude, ni trop froide, ni trop humide, ni trop sèche. Les caves sont les locaux les moins propres à la conservation de la graine des vers-à-soie, que l'on doit toujours préserver des gelées.

Le moment de l'incubation arrivé, je détache ma graine avec soin, en me servant d'un couteau à lame de bois, qui l'endommage moins qu'un couteau à lame d'acier; je passe la graine dans une lescive, moitié eau de fontaine et moitié esprit-de-vin ou alcool. Je crois que l'alcool et le soufre ont la propriété de décontaminer et de désinfecter la graine; je dis je crois, parce qu'il m'est difficile d'attester, jusqu'à quel point je dois à ces agents préservatifs, la disparition de la muscardine de mes ateliers; sans doute qu'ils y ont une part, mais ce serait trop présumer de leur efficacité que de croire qu'ils suffisent pour faire disparaître entièrement les germes de cette funeste maladie, de manière à n'avoir plus rien à redouter d'elle, pendant tout le cours de l'éducation. Il est bien possible, et je suis même très-porté à croire que ces agents exercent d'une manière absolue leur toute-puissance sur la graine; mais à quoi servirait de décontaminer la graine, si les ateliers dans lesquels doivent être placés les vers restaient infectés? Dans ce cas, le germe du muscardin reprendrait bien vite son empire. Or donc, s'il est essentiel de décontaminer la graine, il ne l'est pas moins de désinfecter les ateliers.

Plus tard, j'indiquerai les moyens que j'emploie à cet effet.

Le local qui sert à l'incubation et à l'éclosion de ma graine, est une pièce quelconque, bien aérée, convenablement chauffée, et préalablement désinfectée, au moyen d'une fumée intense et du gaz sulfureux. Je me sers d'une chambre, de préférence à toute autre couveuse, parce que je suis convaincu que dans toutes les couveuses, quels que soient d'ailleurs leur forme, leur capacité intérieure, les moyens de ventilation et de chauffage que l'on emploie pour l'incubation et l'éclosion des vers, l'on n'obtiendra jamais que de mauvais résultats, par le motif que l'air de ces couveuses se renouvelant difficilement, il est promptement vicié par le calorique que l'on est forcé d'y introduire.

Ces inconvénients n'ont point lieu dans une pièce spacieuse, où l'air circule à l'aise; là, l'air frais qui entre de tous côtés force constamment l'air chaud, plus léger par les effets de la dilatation exercée par la chaleur, de s'échapper par les ouvertures supérieures qui doivent avoir été pratiquées à cet effet dans le plafond. Je dois faire remarquer encore que de toutes les couveuses, les plus vicieuses comme les plus désastreuses sont les paillasses et le corps humain; dans ces lieux impropres le malheureux embryon se trouve resserré dans une prison infecte, privé d'air, élément le plus nécessaire à son existence, aussi le ver y naît-il toujours dans un état de maladie et de souffrance qui lui permet rarement d'accomplir toutes les périodes de sa vie, et s'il arrive au terme marqué par la nature pour filer la soie, les résultats de ses travaux sont bien peu de chose pour ne pas dire nuls.

La graine défaite, lescivée et séchée à l'ombre et au grand air, est mise à l'étuve dans une pièce bien aérée, convenablement chauffée et préalablement désinfectée. Elle y est placée sur un linge clair, étendu sur un cadre suspendu de manière que les œufs se touchent sans jamais être les uns sur les autres. Je laisse la graine ainsi placée, se préparer pendant une douzaine de jours, à une température de 11 à 12 degrés thermomètre de Réaumur; ensuite, j'élève chaque jour la température d'un degré, jusqu'au 22e; la température arrivée à ce point, l'éclosion est presque toujours terminée.

Les premiers vers éclos sont ordinairement peu nombreux, je les jette ou je les donne; l'éclosion du second jour est assez forte pour en faire une éducation à part; enfin le troisième jour est celui de la forte éclosion : c'est elle qui constitue ma forte éducation que je laisse également à part. Je jette le surplus de la graine, dont j'ai conservé deux éducations à un jour de distance l'une de l'autre, ce qui facilite le service, en même temps que les vers sont tous parfaitement égaux. A mesure que les vers éclosent, je les mets très-espacés sur des claies, ayant soin de les couvrir immédiatement d'une légère couche de fleur de soufre, opération que je répète après le premier délitement du deuxième et du troisième âge. Immédiatement après, je fais donner un premier et léger repas de feuille fraîche coupée très-menu ; je répète ces repas toutes les deux heures, jours et nuits, pendant le cours du premier âge. C'est au commencement du second âge que j'enlève pour la première fois la litière sur laquelle reposent les jeunes insectes. Durant tous le cours de cet âge, les vers reçoivent de la feuille coupée, toutes les trois heures, pendant les vingt-quatre heures. Avant l'endormie du second âge, je délite une seconde fois, levant les vers avec des papiers ou avec des filets. Je les surlève de la même manière après leur réveil, ayant toujours le plus grand soin de ne jamais les entasser. C'est à cette époque de leur vie, que je sors les vers des petits ateliers, pour les transporter dans les grands, où je les place sur les grandes claies ou tables préalablement désinfectées; les vers reçoivent alors de la feuille toutes les quatre heures pendant le cours des vingt-quatre heures. Le régime est continué jusqu'au cinquième âge, pendant le cours duquel ils ne reçoivent plus que cinq repas. L'abondance de chaque repas, durant le cours de tous les âges doit être telle, qu'il ne reste jamais de la feuille sur les claies ou tables lorsque l'heure du repas suivant arrive. La surabondance de feuille est une perte réelle qui ne sert qu'à augmenter la quantité des litières dont l'humidité est d'autant plus grande que la couche en est plus forte. La litière et l'humidité réunies fermentent et dégagent une quantité prodigieuse de gaz ou miasmes délétères qui sont souvent la cause de la destruction totale des vers ; aussi ai-je le plus grand soin, pendant les délitements, de ne jamais laisser séjourner un seul moment mes litières dans les ateliers. Cette attention extrêmement importante est rarement mise en pratique, ainsi que celle de ne jamais entasser les vers ; c'est-à-dire de ne jamais placer un ver sur un autre. C'est l'entassement des vers et le séjour des litières dans les ateliers qui sont souvent la cause des mauvaises récoltes dans nos campagnes et chez nos facturiers.

Dans les temps de grande humidité, j'emploie avec succès la chaux et le charbon de bois. Ces substances calcaires ayant une grande affinité pour l'humidité et pour les gaz délétères, s'en emparent et les neutralisent de manière qu'ils ne peuvent plus nuire aux vers. J'emploie ces agents désinfectants déposés par petits tas de distance en distance sur le sol de l'atelier. Je les suspends également, dans des paniers sous la partie la plus élevée du plafond. J'emploie encore avec le plus grand succès, à l'aide d'un tamis recouvert, une légère couche de chaux pulvérisée étendue sur les tables avant que d'y placer les vers. La chaux agissant comme nous venons de le dire, absorbe l'humidité des litières, s'empare des gaz délétères et par ce moyen les litières devenant moins humides et inodores, ne sont plus aussi nuisibles aux vers.

Les feux clairs aux cheminées, employés comme agents ventilateurs, sont encore un excellent moyen de se garantir de la trop funeste humidité des ateliers. La fumée légèrement intense produit un assez bon effet, je la répands dans la magnanerie en jetant sur des brasières légèrement garnies quelques pincées de rubans de menuisier ou tout autre petit bois.

Il arrive quelquefois que l'atmosphère des ateliers, loin d'être humide, se trouve dans un état de sécheresse tel que les vers en sont excessivement fatigués; dans ce cas, il faut répandre de l'eau fraîche dans la magnanerie, y exciter une légère vapeur par tous les moyens à la disposition du magnanier. La vapeur chaude ne peut avoir de bons effets que lorsque la température est froide; lorsque l'atmosphère est excessivement chaude, que l'air est calme, et que les moyens ordinaires ne suffisent plus pour le tempérer, alors seulement il faut ouvrir les portes et les fenêtres, les garnir de linges clairs ou de branchages mouillés, qu'il faut avoir soin d'arroser constamment avec de l'eau fraîche. Par ce moyen simple, je suis parvenu, dans des moments de grandes touffeurs, à procurer aux vers une brise extrêmement bienfaisante, capable d'abaisser dans l'atelier la température ambiante de trois à quatre degrés; dans cette atmosphère factice le ver reprend sa vigueur ordinaire, mange avec appétit et échappe à une crise qui pouvait le détruire.

Pendant le cours de tous les âges, surtout le cinquième, il faut éviter les transitions subites du chaud au froid qui portent toujours des atteintes graves à la santé du ver; cependant le danger n'est pas le même lorsque la température change graduellement; j'ai été à même de remarquer que l'on pouvait impunément, du matin au soir, élever la température de 12 à 25 degrés Réaumur. Je ne cite pas ce fait comme un précepte à suivre, mais afin que les éducateurs ne se découragent pas dans des circonstances forcées. Cette remarque, vraie fiche de consolation, ne m'empêche pas de recommander aux magnaniers de ne rien négliger pour abaisser une température trop élevée, tout comme pour l'élever lorsqu'elle est trop basse; mais il doit toujours tempérer ses moyens de manière à arriver graduellement à son but. Ce n'est pas ainsi que l'on agit généralement, car la ruine de la plupart des ateliers vient souvent de l'imprudente habitude qu'ont certains éducateurs de fermer hermétiquement leurs magnaneries et d'y tenir plusieurs brasières ardentes, pour, disent-ils, donner du courage à leurs vers pendant les repas et au moment de la montée; tandis qu'au contraire, par cette conduite insensée, ils anéantissent leurs vers et les perdent souvent sans retour; car, dans ce cas, l'air intérieur ne pouvant être renouvelé par l'air extérieur puisque toute issue lui est fermée, l'atmosphère de la pièce se charge promptement de vapeurs pestilentielles capables de détruire en quelques secondes l'éducation la plus soignée et les vers les plus robustes, surtout s'ils portent avec eux le germe de la muscardine.

Je ferai observer qu'il est très-dangereux de donner aux vers-à-soie plusieurs repas de suite avec de la feuille très-substantielle; il faut de temps à autre intercaler quelques repas de feuille moins nourrissante, surtout au cinquième âge, lorsque les vers sont arrivés au plus fort de leur appétit. Ce repas de feuille moins nourrissante leur facilite la digestion et les préserve de maladies qui souvent sont mortelles à cet âge.

Pour toute fumigation, je brûle dans mes ateliers, une fois ou deux par jour, plus souvent si le besoin s'en fait sentir, une très-petite pincée de soufre. Les fumigations de Gueyton de Morvau, faites avec la manganèse, le sel marin et l'acide sulfurique, ainsi que la dissolution du chlorure de chaux attaquent les parties internes du ver et peuvent lui faire beaucoup de mal; j'engage en conséquence les éducateurs à ne pas en faire un usage habituel.

Pendant le cours de tous les âges, les vers doivent être très-espacés sur les claies ou tables; arrivés à leur entier développement, une once de graine doit occuper dix tables ou claies de huit pieds de longueur sur quatre et demie de largeur.

Dans les ateliers bien tenus, les litières doivent être enlevées au moins tous les deux jours, depuis le commencement du troisième âge jusqu'au moment de la montée; elles ne doivent jamais séjourner, même une minute, dans les magnaneries dont la propreté doit toujours être excessive.

Au moment de la montée qui est l'époque la plus critique de la vie du ver-à-soie, l'éducateur doit apporter la plus grande attention à ce que l'air soit constamment renouvelé par les petites ouvertures pratiquées au haut et au bas de l'atelier, sans jamais ouvrir les portes ni les fenêtres si l'air extérieur est vif. Il faut les ouvrir si au contraire l'air extérieur présente un calme plat, et faire des feux clairs aux cheminées, en agitant l'air intérieur avec des tarares ou par tout autre moyen.

Si l'air atmosphérique est trop sec, employez des linges et des branchages mouillés, que vous placez à l'ouverture des portes et des fenètres; mais dans tousles cas, le degré de la température doit se rapprocher autant que possible du 16e au 20e degré.

Avant de placer les vers dans les grands et les petits ateliers, je les désinfecte au moyen d'une fumée très-intense et du gaz acide sulfureux. Je me procure cette fumée très-intense en faisant brûler en même temps, dans quatre brasières ardentes, quatre bottes de foin mouillé; autant que possible il faut que l'atelier soit hermétiquement fermé durant cette opération qui sert à préparer les voies. Ensuite, je brûle dans les mêmes brasières allumées de nouveau, de six à douze livres de fleur de soufre, selon la grandeur du local, pour obtenir le gaz acide sulfureux, que l'expérience m'a prouvé être le meilleur désinfectant, parce qu'il a l'avantage de pénétrer dans les fentes, crevasses, en un mot partout où le germe du muscardin peut aller se loger : ce qu'il est impossible d'obtenir par les moyens chimiques en usage, tels que lescives de sulfate de cuivre, de soude, de potasse, etc.; aussi est-ce le seul agent que j'aie employé jusqu'à présent pour désinfecter mes magnaneries, et je continuerai à lui accorder ma confiance jusqu'à ce que j'en aie rencontré un plus efficace. Au reste, s'il est vrai, comme je suis très-disposé à le croire, que le virus ou le germe de la muscardine soit une plante de l'espèce des cryptogames (un champignon), nul doute que la fumée très-intense et les gaz en général ne le détruisent entièrement. Ces agents décomposent et déplacent l'air vital des ateliers ou locaux dans lesquels on les renferme, et chacun sait que partout où il y a absence d'air vital, tout ce qui a vie cesse d'exister à l'instant : il n'est donc pas douteux qu'une plante d'une constitution aussi frêle que le germe de la muscardine soit détruite par une épreuve qui détruirait des arbres de la plus grande force.

Je citerai à l'appui de ce que j'avance, les effets du gaz carbonique. Personne n'ignore que du charbon brûlé dans une pièce fermée, se dégage une quantité de gaz acide carbonique assez grande pour détruire la vie de tous les êtres qui y resteraient renfermés, quelle que soit d'ailleurs leur force physique. Les plantes ne résistent pas mieux que les hommes. Les hommes, les plantes, les animaux, tout doit cesser de vivre sous la puissance de cet agent destructeur. Eh bien ! le gaz acide sulfureux agit de la même manière sur le germe de la muscardine et sur tous les miasmes pestilentiels qui infectent assez ordinairement nos ateliers.

Quand l'éducateur apportera dans la direction de ses vers les soins et les attentions indiqués dans ce rapport, les vers feront presque tous de bons cocons, mais ils mangeront un tiers ou un quart au moins de plus de feuille que ceux dirigés par la méthode ordinaire, attendu que par la méthode généralement usitée, plus du tiers et souvent la moitié même meurent long-temps avant d'arriver au terme fixé par la nature pour former leur cocon.

Je chauffe mes ateliers d'après la méthode de M. Darcet, c'est-à-dire au moyen de calorifères et de gaînes conducteurs de chaleur. Je regarde ce moyen comme le plus convenable pour chauffer de grandes pièces fortement aérées. Toutefois j'ai apporté quelques modifications à la méthode employée par l'éducateur distingué des Bergeries: mes gaînes au lieu de présenter un parallélogramme à quatre faces, vont en s'élargissant successivement, depuis l'ouverture par où entre le calorique jusqu'à l'extrémité opposée de l'atelier, de manière à présenter une pyramide quadrangulaire tronquée ayant au point de section 20 centimètres seulement de côté, tandis qu'à sa base elle offre un carré de 60 centimètres de côté. J'ai opéré ce changement dans la disposition de mes gaînes parce qu'il est physiquement démontré qne le calorique, comme tous les fluides possibles, glisse avec plus de facilité sur les plans inclinés que sur les plans horizontaux. Les gaînes ainsi disposées, son promptement envahies par le calorique dans toute leur étendue et chauffent ainsi plus promptement et plus également l'atmosphère de l'atelier; de plus, j'ai conservé des cheminées aux extrémités des ateliers parce que j'ai reconnu qu'elles étaient d'excellents moyens de ventilation lorsqu'elles sont garnies de feux clairs.

C'est avec bien de la peine que je me suis décidé à dire publiquement ce que je pense du système de ventilation établi dans les magnaneries des Bergeries, par l'honorable M. Darcet, et que l'on nous a présenté comme un modèle parfait. J'y aurais renoncé sans doute, si je n'étais soutenu par cette idée, que tout homme ami de son pays ne doit être arrêté par aucune espèce de considération lorsqu'il s'agit d'améliorations qui peuvent être utiles au bien public. Je vais donc signaler avec franchise, les vices que j'ai cru remarquer dans le système de ventilation des ateliers salubres, établis par l'éducateur distingué des bergeries.

Je commencerai par dire qu'il est bien possible que dans le nord de la France, où la chaleur est moins grande et où les germes des maladies qui désolent le midi ne sont pas encore développés, le système de M. Darcet, ne laisse momentanément rien à désirer; mais il est insuffisant dans nos provinces méridionales, où la chaleur, par son intensité, corrompt très-promptement les matières végétales et animales que l'on est forcé de tenir en dépôt dans les ateliers en pleine activité: je veux parler des litières, des excréments et de la transpiration des vers-à-soie. Il se dégage de ces matières en décomposition, une si grande quantité de miasmes ou gaz délétères, que l'atmosphère de la magnanerie, bientôt viciée au dernier point, ne fournit plus à la respiration des vers qu'un air infect, capable de développer chez eux, en très-peu de temps, le germe des plus funestes maladies et même de leur donner la mort. A de si grands dangers, il est donc absolument nécessaire d'apporter de grands remèdes, et je ne pense pas que le système benin et mal digéré de ventilation de l'honorable M. Darcet, puisse parer à d'aussi puissantes causes de destruction.

Je dis mal digéré, parce que je n'ai jamais pu concevoir quelle avait été la malheureuse pensée, qui, contradictoirement à toutes les lois d'une saine physique, avait porté l'éducateur des Bergeries à aller chercher dans une cave ou dans un puits l'air propre à renouveler celui de ses ateliers. L'idée de recouvrir les magnaneries d'un plafond horizontal armé de rares et petites ouvertures, correspondant dans des gaînes également horizontales, ne paraît guère plus logique. Je fonde mon raisonnement sur ce que l'air des puits et des caves étant toujours plus ou moins vicié, loin d'être avantageux à la salubrité de l'air des ateliers, ne peut qu'augmenter la quantité des miasmes malfaisants dont leur atmosphère n'est que trop disposée à se charger. Il faudrait un système de ventilation bien énergique pour parer aux inconvénients d'une erreur semblable; et celui que j'aperçois en jetant les yeux sur le modèle de l'honorable M. Darcet est loin de présenter ces avantages. Je remarque sur un plafond horizontal quelques rares ouvertures, chacune de la largeur d'un écu de cinq francs, ainsi disposées dit-on, pour laisser passage à l'air vicié, se rendant dans une gaîne supérieure horizontalement placée sur la partie opposée du plafond, pour, de là, se vider à l'extérieur au moyen de l'action d'un tarare.

A la première vue, ce mécanisme paraît bien conçu, et ses effets paraissent admirables; mais pour peu que l'on réfléchisse il est facile de reconnaître que les effets en sont à peu près nuls, d'abord parce que les ouvertures du plafond sont si petites qu'à peine s'il peut se dégager la vingtième partie de l'air vicié que contient un atelier en pleines fonctions; et celui qui s'échappe, loin d'aller se vider à l'extérieur, reste stagnant dans les gaînes quoique l'on fasse agir le tarare dont l'action est trop faible pour soutirer l'air de deux gaînes horizontales qui sont ordinairement fort longues, et coupées presque à angle droit pour venir aboutir au tarare.

Ainsi donc, après avoir mûrement réfléchi et sur les dispositions et sur les résultats de ce système, j'ai cru remarquer que pour le rendre utile et avantageux à l'éducation des vers-à-soie, il fallait modifier : 1° ses moyens de chauffage comme je l'ai indiqué plus haut; 2° remplacer l'air venant des caves et des puits par l'air de l'atmosphère extérieur introduit dans l'atelier par des ouvertures pratiquées sur des murailles, et cela rez le sol comme dans mon système; 3° enlever en entier les parties du plafond qui forment le dessous des gaînes; donner à ces gaînes, dans toute leur étendue, une pente d'un mètre et demi ou deux mètres du plafond au toit; pratiquer dans le mur, au point le plus élevé de la gaîne qui doit s'appuyer contre la muraille, une ouverture de la largeur de la gaîne et de vingt centimètres au moins de hauteur, ayant communication avec l'atmosphère extérieure.

Par ces nouvelles dispositions, l'atelier deviendra vraiment salubre; toutes ses voies auront pris de l'extension; l'air pur et frais qui entre dans l'atelier en grande abondance par les ouvertures du bas, force l'air dilaté, plus léger, à se précipiter dans les gaînes, et entraîne avec lui les miasmes pestilentiels plus légers que l'air atmosphérique, lequel glissant avec force sur les pentes inclinées, va s'échapper dans l'atmosphère extérieur par les ouvertures placées au point le plus élevé de chaque gaîne. En même temps les gaz plus lourds que l'air atmosphérique se vident par les ouvertures du bas. On objectera sans doute que cette ascension continuelle de l'air frais doit abaisser beaucoup le degré de la température de la magnanerie; cela est vrai; mais on peut parer à cet inconvénient en ne laissant entrer que la quantité d'air nécessaire pour maintenir l'atelier dans un état continuel de salubrité, et en y répandaut, selon le degré de chaleur de la température extérieure, une quantité de calorique assez grande pour que le thermomètre ne soit jamais au-dessous du 16e degré ni au-dessus du 20e.

Cette disposition nouvelle peut s'appliquer avantageusement à toutes les pièces qui supportent des étages supérieurs et où par conséquent mon système ne pourrait être mis à exécution.

Si je m'exprime avec franchise et conviction en signalant les vices que j'ai cru trouver dans les ateliers salubres du célèbre agronome des Bergeries, je dois dire avec la même franchise, pour rendre hommage à la vérité, que si les recherches de cet éducateur distingué n'ont pas entièrement répondu à nos besoins, elles nous ont cependant rendu des services qui commandent notre reconnaissance, en ce sens qu'elles nous ont sorti de la voie routinière dans laquelle nous marchions depuis des siècles. Chacun de nous doit convenir que c'est depuis que cet éducateur distingué a bien voulu nous faire part de ses œuvres, qu'il s'est opéré chez nous des changements avantageux dans l'art d'élever les vers-à-soie. Ces changements ont amené des améliorations qui portent déjà leurs fruits, et nous promettent pour l'avenir des récoltes de plus en plus abondantes, en attendant que les efforts que chacun de nous semble se promettre aient enfin opéré une révolution complète dans tout ce qui touche l'industrie céricole, source de la richesse publique de notre département. Aussi est-ce avec raison et justice que la Société d'agriculture de la Drôme a donné à l'honorable M. Darcet, une preuve de sa haute considération, en couronnant le zèle admirable de M. Bourdon, son élève.

Je termine ce rapport, par la montée des vers. Comme tout le monde, jusqu'à présent je me suis servi de bruyères, dès que le besoin s'en faisait sentir; mais j'ai toujours eu le plus grand soin de ne pas entasser les vers dans les cabanes; précaution bien peu observée chez la plupart des éducateurs qui, cédant à un amour-propre mal entendu, surchargent de vers leurs cabanes, afin que les bruyères paraissent mieux garnies. Dans le fait, les bruyères sont réellement un peu mieux garnies; mais par de mauvais cocons. Outre le désavantage de la mauvaise qualité de ces cocons, l'éducateur perd au moins le quart de sa récolte, et cela, au moment où il allait enfin recevoir le fruit de ses peines! Est-il, je le demande, une vanité plus mal placée? C'est une mauvaise habitude malheureusement trop pratiquée; aussi ne doit-on pas être étonné si après avoir défait ces belles bruyères, on ne trouve que 40 à 50 livres de cocons par once de graine, tandis que là où les bruyères sont moins chargées et de moindre apparence à la vue, on a de 100 à 125 livres de cocons par once.

J'invite les éducateurs à faire de mûres réflexions sur le vice que je viens de signaler.

Voici ce que je me propose de faire. Par suite de nouvelles dispositions de mes propriétés, je n'aurai, cette année, que dix onces de graine à élever au lieu de vingt. La moitié de mon local restant donc libre, j'y placerai d'avance les bruyères. Je me servirai, pour déliter mes vers, durant tout le temps de l'éducation, de petits papiers percés de 30 à 35 centimètres environ de largeur, sur 60 de longueur, et de petits cadres en bois garnis en toile de la même dimension. Plus tard ils me serviront à transporter les vers dans le local où ils doivent monter : les papiers garnis de vers seront glissés sur les cadres et déposés de chaque côté des cabanes, sans que les vers soient incommodés de ce mode de translation.

Cette disposition me paraît tellement avantageuse, que lorsque je n'aurai pas de local libre j'y suppléerai en faisant enlever les vers avec ces papiers et ces cadres, en commençant par le bout de mes premières tables, de manière à donner place à deux cabanes, que je ferai établir sur cet emplacement libre; et dès que la première cabane sera terminée, j'y déposerai comme je viens de le dire, non les vers que j'ai d'abord fait enlever et qui doivent rester en dépôt quelque part pour être placés dans la dernière cabane du rang, mais les vers les plus rapprochés de la cabane faite, pour qu'il reste toujours l'étendue de deux cabanes libres. Par ce procédé bien simple, les personnes qui travaillent à placer la bruyère ne sont pas gênées, et les vers ne sont jamais entassés; ce qui leur permet de monter à la bruyère avec facilité et d'y faire un bon cocon lorsqu'ils ont été bien traités pendant tout le cours de l'éducation.

A l'aide de cette méthode, aussi simple que facile à mettre à exécution puisqu'elle n'exige que des soins et un peu d'attention, j'obtiens depuis cinq années consécutives de *cent à cent vingt-cinq* livres de cocons *par once* de graine dont j'élève vingt onces dans le même local. Madame Izeoir, qui cette année a suivi cette méthode, a obtenu dans le même atelier, où depuis vingt ans ses produits étaient à peu près nuls, *cent vingt-cinq livres* de cocons *par once* de graine.

(*Trois onces* lui ont fourni *trois cent soixante et quinze livres* de bons cocons dont cent soixante-trois pesaient la livre).

Si de tels résultats sont de nature à tenter mes honorables concitoyens, je leur répète pour la seconde fois, que je ne puis leur garantir une brillante réussite que dans le cas où ils ne négligeraient aucun des avis consignés dans ce rapport. Ainsi donc, ceux qui voudraient procéder d'après ce qu'il prescrit, doivent commencer par l'établissement d'ateliers salubres. Les miens seront ouverts à toute heure à ceux qui voudront les prendre pour modèles. Les personnes qui ne possèdent qu'un local ne pouvant se plier à mon système, pourront employer avantageusement celui de M. Darcet, modifié comme je l'ai indiqué; mais que l'on emploie l'un ou l'autre de ces deux systèmes, les vers doivent toujours être traités comme je l'indique. Conséquemment, quel que soit le local que l'on possède, il est toujours possible d'établir un atelier salubre; et avec des soins et une attention constante, on peut toujours compter sur une abondante récolte de cocons.

Chers concitoyens, croyez à la sincérité et à la conviction de celui qui n'a d'autre but que de vous être utile, et qui ne s'est permis de vous donner des avis, qu'*après seize années de pénibles expériences*, et *cinq années de succès complets*, succès, dont la continuité me promet le bien-être que je vous souhaite, pour que nous puissions tous un jour mettre la poule au pot, comme le désirait le bon roi Henri IV, lorsqu'il implanta le mûrier dans nos contrées.

NOTA.

La feuille que l'on destine aux vers-à-soie ne doit jamais être ramassée plus d'un jour à l'avance. Elle doit-être placée dans un lieu frais, mais non humide; jamais dans une cave ou dans tout autre lieu également malsain.

Lorsqu'on est obligé de ramasser la feuille mouillée, il faut la faire sécher à l'air; il vaudrait mieux la donner mouillée ou laisser jeûner les vers, que de la faire sécher au feu, car rien n'est plus dangereux.

Avant de donner les repas aux vers, il faut déposer la feuille quelques instants dans un local moins frais que celui où elle est ordinairement placée, et surtout la bien battre; lorsqu'on n'a pas d'autre emplacement, il faut la déposer dans l'atelier qui aura été mis dans le plus grand état de propreté.

La feuille peut-être ramassée depuis le lever jusqu'au coucher du soleil; seulement, on doit s'abstenir de la cueillir lorsqu'il tombe quelques gouttes chaudes. Ces gouttes sont ordinairement ou mucilagineuses ou acides; la feuille donnée au vers ainsi tachée, avant que le mucilage soit évaporé, ou avant que l'acide ait corrodé la partie tachée, peut lui faire beaucoup de mal. Mais dès que cette partie est décomposée il ne la mange plus et il peut la manger sans inconvénient, dès que le mucilage est évaporé.

Lorsque l'on va ramasser la feuille au loin, et que l'on est obligé de la placer dans de grands sacs, il faut avoir soin de ne pas trop la presser, ni l'entasser sur les voitures, et surtout de ne pas s'y asseoir dessus comme le font ordinairement les facturiers des villes.

La feuille froissée et déchauffée se décompose promptement : dans cet état, elle ne peut plus fournir aux vers qu'une nourriture malsaine, capable d'occasionner les plus dangereuses maladies.

FIN.

www.ingramcontent.com/pod-product-compliance
Ingram Content Group UK Ltd.
Pitfield, Milton Keynes, MK11 3LW, UK
UKHW021033260726
13994UKWH00005B/2113

9 782329 413181